Stefano Zottele

Il Sole e la forza oscura

Youcanprint

Titolo | Il Sole e la forza oscura
Autore | Stefano Zottele
ISBN | 978-88-31661-03-4

Alcune immagini contengono dati preparati da Jan
Alvested ww.solen.info basati su dati WDC-SILSO
Brussels. Inoltre appaiono estratti
da immagini provenienti da SDO per cortesia di
NASA/SDO e AIA, EVE, ed i
teams HMI. https://sdo.gsfc.nasa.gov

Youcanprint
Via Marco Biagi 6, 73100 Lecce
www.youcanprint.it
info@youcanprint.it

Indice

Note dell'autore

Seguo il sole dall'inizio del ciclo 24.

Un articolo su un quotidiano riferiva del protrarsi del minimo solare tra il ciclo 23 ed il 24. La cosa mi coinvolse subito.

Questo oggetto da studiare nei dettagli mi intrigava. Soprattutto in quanto rappresentava, e rappresenta, una sfida.

A differenza dell'astronomia e della fisica tradizionale, dove tanto è stato scoperto e definito sin nei minimi dettagli, qui mi trovo di fronte a degli scienziati incerti, ad un sacco di ipotesi differenti e spesso in contrasto tra di loro.

Le previsioni riguardanti il sole sono sempre di breve durata. I fatti avvengono spesso in maniera imprevista ed inaspettata.

Naturalmente sono state trovate delle regole. Ma esse stesse rimandano a delle variazioni ancora più inspiegabili.

Insomma, il funzionamento del sole sembra governato dal caso.

Questo però rimanda alla saggezza antica: non possiamo aspirare a capire queste variazioni più simili ad un carattere che ad un oggetto inanimato. Ed un carattere così potente e bizzoso, e terribile potrebbe aver fatto apparire in tante civiltà primitive la figura del Dio sole.

Ora qualcosa sappiamo, sopratutto negli aspetti generali ricavati dall'osservazione delle stelle, ma ci manca la comprensione del dettaglio del suo funzionamento, delle forze che determinano e regolano i cicli solari e di quelle che causano, all'interno di questi ultimi, tutte le variazioni repentine, e spesso violente, che si verificano in tempi rapidissimi, spesso su scala giornaliera oppure addirittura nell'arco di alcuni minuti.

Ho cercato di seguire una via originale per guidare le mie osservazioni. Cercherò di illustrarla in queste pagine.

Alla fine del libro ho citato qualche pagina web che tengo aggiornata giornalmente per avere conferme su quanto sembra che succeda.

Primi approcci

Nel 2008 si stava passando dal ciclo 23 al 24. Il dato che mi appariva più interessante in quel periodo era il conteggio delle giornate spotless. (Per spotless si intende una giornata terrena trascorsa senza osservare alcuna macchia sul sole. Sono frequenti durante i periodi di minima solare e spariscono presto appena inizia il nuovo ciclo).

Il loro valore premonitore della potenza del ciclo successivo era ben spiegato dalle osservazioni fatte sin dal 1800.

Il legame è di tipo statistico e la loro serie storica consente di farci una idea, piuttosto vaga, sull'andamento del ciclo che le avrebbe seguite.

L'aspetto interessante era il numero di giornate spotless che si stava formando sotto i miei occhi: era molto più alto dei precedenti, almeno di quelli recenti.

Si ritornava a valori che erano apparsi solamente tra la fine '800 e l'inizio del 900. Un secolo prima. Ingenuamente collegai subito una possibile variazione della forza del sole a variazioni climatiche terrestri. Mi sembrava di cogliere una similitudine tra il comportamento del sole e quello dei fenomeni meteorologici: entrambi erano imprevedibili, quasi allo stesso modo.

Entrambi erano studiati su base statistica proiettando situazioni presenti nel futuro sulla base di informazioni derivanti dal passato.

Nella meteorologia la nostra società ha una tradizione consolidata, supportata recentemente da migliaia di studiosi ed addetti dotati di mezzi di rilevazione praticamente infiniti ed altrettanta capacità di elaborazione informatica. Ed il risultato di tutto questo sforzo sono delle previsioni che, va riconosciuto, sono in forte miglioramento, ma che restano piuttosto improbabili già dopo solamente alcuni giorni. Io mi sarei aspettato un progresso maggiore: in fondo un paio di giorni o tendenzialmente anche una settimana venivano previste abbastanza bene anche 50 anni fa! Quasi manualmente.

La stessa cosa vale anche per il Sole. Anche in questo caso ci troviamo di fronte un oggetto imprevedibile: nessuno è in grado di predire il formarsi di una macchia solare, solamente con qualche ora di anticipo viene data come probabile una CME. Mi sembra che le variazioni di emissione di raggi X, spesso enormi in archi di tempo misurati in minuti, vengano semplicemente osservate spesso senza alcun tentativo di previsione.

Il flusso 10.7 viene previsto per 3 giorni, l'attività magnetica per periodi più lunghi ma poi con quali riscontri? Scarsi purtroppo.

Forse nasce da questa somiglianza la parola che descrive questi fenomeni: meteorologia spaziale e meteorologia (terrena).

Nei primi anni del duemila circolava una previsione di quanto sarebbe stato il massimo numero di macchie del ciclo entrante: alcuni scienziati davano dei valori bassi intorno a 20 mentre altri credevano si sarebbe raggiunto un valore intorno a 130. Tutti i valori intermedi erano però suggeriti da qualche ricercatore e quindi si aveva un quadro generale che, diciamo, restava aperto a qualsiasi soluzione.

Così pensando mi sono avvicinato ai cicli solari, alla loro descrizione basata sui conteggi delle macchie solari effettuati da scienziati del passato e del presente, ho visto i primi disegni di Leonardo e via via quelli dei disegnatori seguenti fino ai giorni nostri.

Ho visto quante persone siano impegnate nella rigorosa annotazione e rielaborazione di ogni dato che possa contribuire a fare un po di luce su questo oggetto misterioso che è il Sole.

Purtroppo io non sono uno scienziato, e neanche un semplice laureato. Comprendo quindi soltanto parzialmente il materiale a disposizione della comunità e gli studi in corso. Tuttavia mi piace osservare e cercare di capire.

Nelle pagine seguenti voglio riepilogare il percorso che mi ha portato ad indirizzare ed a dare alle mie ricerche la forma attuale.

Impressioni

Ho iniziato scaricandomi i grafici di tutti i cicli solari precedenti formati dalla linea che univa tutte le medie mensili di ogni ciclo e da quella della media annuale delle stesse. Era riportata inoltre la linea del F10,7.

Per lungo tempo ho preferito quest'ultima in quanto meno arbitraria in quanto passivamente misurata. Il conteggio delle macchie mi era inizialmente sembrato spesso incerto: alcuni si basano su telescopi più potenti e contano anche macchie più piccole. Poi, con il tempo ho però iniziato ad apprezzare entrambi in quanto anche il primo è soggetto ad una serie enorme di controlli che alla fine eliminano tutte le possibili deviazioni conosciute o almeno le riducono a fattori veramente minimi.

Le scoperte del ciclo e dell'evoluzione della posizione delle macchie per formare il grafico a farfalla sono entrambe avvenute nel corso del XIX secolo. Le attuali osservazioni e lavori di vario genere non hanno fatto altro che confermare e meglio definire l'esistenza di questi fenomeni osservati ma non hanno veramente aggiunto qualcosa di nuovo agli stessi.

Resta sempre un mistero, vagamente illuminato dalla teoria della dinamo solare, il motivo per cui si verifichino i cicli solari, per cui gli stessi si presentino in intensità e durata variabile, e quali siano le energie che li fanno crescere o diminuire. Li vediamo susseguirsi in modo imprevedibile ma non riusciamo a comprendere, si fa appello al caso.

Le regole però dovrebbero esistere in quanto non sembra possibile che non solo i cicli sono evidenti ma anche che le macchie, si trasferiscono dalle latitudini superiori a quelle inferiori man mano che il ciclo procede. Questi fenomeni sono costanti.

Un filone di ricerca mi ha affascinato durante questo primo periodo: quello delle influenze del movimento dei pianeti sulle manifestazioni solari. Ho cercato di seguire gli scritti di Landscheidt che legavano i valori di energia registrati sulla terra a delle configurazioni particolari dei pianeti Urano, Nettuno, Saturno e Giove.

La risposta del Sole a queste configurazioni sembrava piuttosto evidente. Certo, le serie storiche si basavano su proiezioni nel passato effettuate con dei proxies ancora in via di perfezionamento. Purtroppo tale studio è stato bruscamente interrotto.

Anche altri studiosi hanno trovato legami (Scalfetta e altri 2015) tra fenomeni evidenziati nel 1600 dai primi studiosi del sistema solare ed il comportamento solare. Mi riferisco a quanto si definisce con "sistema armonico".

Accenno brevemente, lo studio è interessante, originale, ma io non sono in grado di apprezzarne pienamente i risvolti matematico-statistici.

Già ai primi studiosi era apparsa evidente una serie di armonie presenti nella distribuzione dei pianeti intorno al sole e nel loro movimento.

Giove e Saturno si congiungono solamente in tre posizioni; i pianeti si sono disposti su orbite che richiamano quasi esattamente una semplice serie numerica; la congiunzione tra la Terra e Venere ripete quasi esattamente uno schema ad ottagono, e ogni volta avviene con Venere che ci mostra sempre lo stesso emisfero; calcoli più sofisticati sembrano indicare una esatta disposizione matematica dei pianeti intorno al Sole.

La quantità di energia emessa dal Sole sembra obbedire esattamente a questo schema armonico.

Ma lascio a voi il piacere di scoprire questi dettagli, a me interessa solamente comunicarvi che ero pronto ad osservare qualche segno capace di indicarmi una via che mi aiutasse a rintracciare un senso logico nell'attività solare.

Non credo possibile che tutto avvenga in modo casuale.

 Osservando i grafici dei cicli solari mi sono soffermato su una differenza sostanziale fra gli stessi: alcuni, come il ciclo 21 avevano un andamento regolare, una crescita dell'attività costante fino ad un massimo e poi un declino piuttosto regolare; altri, come il ciclo 23 presentavano un picco ambiguo, crescevano regolarmente, poi iniziavano a declinare ma, improvvisamente riprendevano a crescere, per poi declinare più o meno regolarmente.

Mi interessava particolarmente il ciclo 14: in questo caso l'attività si era sviluppata in modo ripetutamente altalenante, sembrava indicare un ritmo.

Solar cycle 21

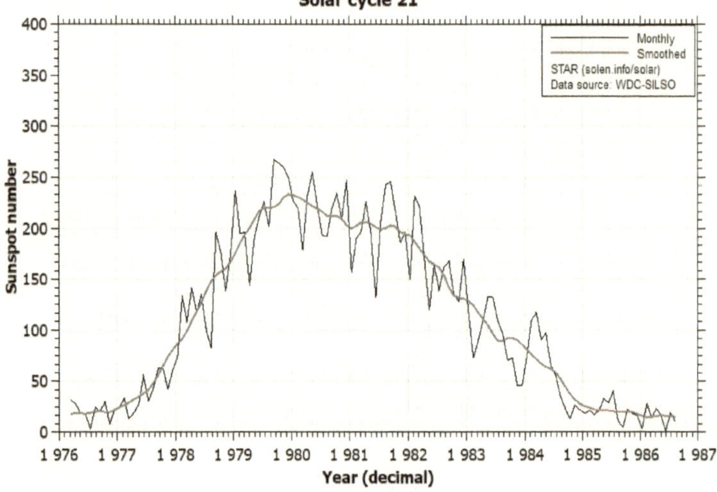

Solar cycle 23

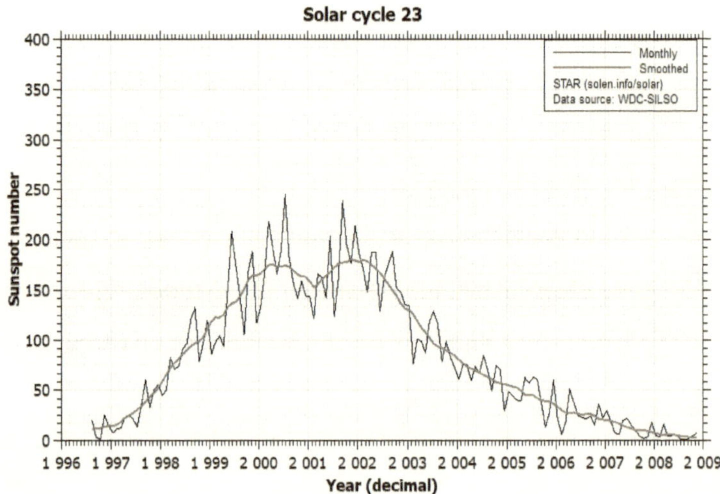

Ho cercato di riflettere sul fenomeno ma non sono riuscito a legarlo concretamente ai miei sospetti: mi sembrava di notare che non era l'attività che era altalenante ma eravamo noi, sulla terra, che eravamo alternativamente dalla parte giusta o sbagliata del Sole. Mi sembrava di vedere che forse il Sole fosse influenzato, attirato, sollecitato da qualcosa che si trovava in una determinata direzione, come se fosse una specie di marea, che faceva apparire le macchie principalmente, ed in maniera più attiva, su un emisfero.

Per un certo periodo di tempo ho portato avanti questo tipo di osservazione notando che con un alternanza di circa 6 mesi le macchie che "ruotavano nella parte visibile" erano di più di quelle che vi emergevano direttamente.

Prima analisi statistica (su F10.7)

Le osservazioni fatte sinora erano troppo vaghe, a mio giudizio, per risultare in qualche modo probatorie. Non riuscivo a legarle in modo chiaro a qualcosa. Avevo bisogno di qualche evidenza statistica.

Ho scelto di lavorare sui dati F10.7. Li ritenevo, come accennato, meno interpretati di altri e forse più adatti ad un analisi statistica.

Sistemata la serie in un database ho provato a classificarli, ad elaborarli alla ricerca di una periodicità.

Sembravano indicare qualcosa ma, ogni volta, tutto sembrava così incerto, vago, sfocato.

Questo tentativo di analisi è andato avanti per alcuni mesi e, pur non rivelandomi alcuna tendenza interessante, mi ha lasciato la sensazione che qualcosa ci fosse ma che, forse quella non era la via migliore per scoprirlo.

L'evoluzione di questo segnale presenta una problematica: il segnale non è focalizzato su un settore ma diffuso su tutto l'emisfero.

Questo significa che ripete esattamente la stessa problematica legata alle macchie solari: non è adatto ad indicare con precisione sufficiente un settore solare. Neanche se questo settore è ampliato sino allo stesso emisfero visibile.

Ritorno brevemente sul concetto di emersione di una macchia solare.

Sostiene un eminente studioso del sole che sino a quando non ci sarà qualcuno capace di indicare il luogo di emersione di una macchia non avremo una novità interessanti.

Bene, questa è la cosa interessante: qual'è la forza che fa emergere una macchia solare? Esiste tale forza?

E' facile prevedere che una macchia che oggi si trova a W01 domani si troverà a W15: il Sole ruota di 14 gradi circa al giorno. Il fenomeno non varia in maniera sostanziale in un giorno e quindi si ritrova tale e quale, il giorno successivo 14 gradi più avanti.

La vera novità è che in un settore completamente privo di macchie, per una ragione a noi non nota, in un giorno, senza preavvisi, emerge una macchia: questa è una variazione. Poi il fenomeno, una volta attivato, prosegue per inerzia fino al suo esaurimento graduale, talvolta persistendo per più di un mese.

L'emissione di F10.7 varia in funzione della quantità ed attività già descritta nelle macchie solari. All'apparire di una macchia cresce in maniera simile, sia che questa emerga o che ruoti nell'emisfero a noi visibile.

Questo non mi aiutava a stabilire la localizzazione di una eventuale forza esterna influenzante il Sole. Era solamente una diversa rappresentazione di uno stesso flusso di energia, una semplice visualizzazione su una frequenza diversa e, addirittura, molto meno definita di quella visibile.

Abbandono quindi questo tipo di segnale, tenendolo però presente come indicatore esatto del valore di emissione particolarmente interessante nei periodi di minima quando l'assenza di macchie solari rende scarsi i riferimenti.

Le macchie S

Erano così trascorsi i primi anni delle mie osservazioni, iniziate per caso, poi via via diventate sempre più attraenti.

All'inizio ero solo e cercavo di comunicare agli altri questo mio interesse. Purtroppo mi accorsi ben presto che l'argomento non interessava a nessuno. Almeno a nessuna delle persone che frequentavo.

Decisi così di seguire dei corsi di astronomia tenuti all'Osservatorio della mia città e poi di iscrivermi come socio nella speranza di trovare qualcuno con cui scambiare qualche opinione.

Nessuno. Nessuno era minimamente interessato a quanto stavo facendo oppure anche semplicemente all'argomento Sole. Gli argomenti più seguiti erano le stelle, le galassie la relatività, i vari fenomeni celesti ed universali.

Sono tuttora stupito di come nessuno, in Osservatorio, sembri distinguere il Sole da una stella.

Quando si parla di Sole viene sempre descritto come se fosse una stella fermandosi ad osservare gli aspetti più generali della sua vita in quanto stella di grandezza medio-piccola.

Ho a lungo tentato di evidenziare che, nei nostri anni, ne vengono studiati gli effetti particolari, quegli aspetti cioè che non possiamo apprezzare osservando le stelle.

Non riusciamo a vedere i cicli, o il vento solare, o gli effetti degli stessi sui loro pianeti nelle stelle. Tutti questi dettagli, e molti altri ancora, li possiamo vedere e sperimentare solamente con lo studio del Sole e delle sue relazioni con il sistema solare.

Per questo scopo sono stati pensati i vari SWPC SOHO STEREO PARKER etc.

Beh, almeno avevano una carica, da lungo tempo scoperta, come responsabile della ricerca che mi hanno gentilmente permesso di assumere, e come tale festeggio quest'anno il sesto o settimo anno di titolarità.

Ma torniamo a noi, ed alla mia ricerca di un punto di orientamento del Sole. Osservando le immagini AIA 094 ed i magnetogrammi colorati avevo sempre più forte la sensazione che ci fossero delle zone in cui sia le macchioline chiare presenti in AI-S094 che i piccoli fenomeni magnetici emergessero preferibilmente in particolari zone.

Sarà sicuramente stato perché avevo capito che nessuno era in grado di prevedere le zone di emersione delle macchie solari. Se cercavo di vedere quello che non c'era allora probabilmente non c'era niente.

Pensavo che fosse opportuno classificare un bel po di quei puntini o di piccole manifestazioni magnetiche per poi costruirci delle analisi.

Provando a pianificare il lavoro mi trovai subito di fronte a due difficoltà:

1)	il lavoro di classificazione sarebbe stato piuttosto impegnativo e probabilmente non sarei riuscito a mantenere lo sforzo per un lasso di tempo abbastanza lungo;

2)	i risultati, in forma di posizioni assegnate ad ogni puntino, sarebbero stati sicuramente contestati in quanto imprecisi. In fondo chi ero io per avere la perizia necessaria alla loro esatta definizione.

Questa strada si rivelava improbabile e faticosa.

Fu allora che rivolsi la mia attenzione a qualcosa di simile che esisteva già. Veniva rilevato giornalmente da osservatori qualificatissimi e resa quotidianamente pubblica: le macchie di tipo S rilevate su solen.info e rese pubbliche.

Queste macchioline avevano esattamente le caratteristiche che cercavo:

1)	erano delle variazioni molto ben localizzate, nel senso che raramente superavano la giornata di vita;

2)   erano frequenti, e quindi in breve tempo avrebbero costituito una base dati sufficientemente interessante;

3)   erano sempre presenti, anche durante il periodo di minima che sarebbe iniziato a breve;

4)   erano pubbliche;

5)   erano calcolate e verificate da un autorevole organizzazione ampiamente seguita sul web, con delle capacità di osservazione ben più elevate rispetto ai miei poveri mezzi.

Per ogni riferimento consultare http://www.solen.info/solar/ che è l'indirizzo del sito di Jan Alvestad che forse un giorno avrò occasione di conoscere, complimentarmi con lui e ringraziare personalmente. Al momento attuale ho avuto solamente qualche contatto via email.

Previsione di emersione

Questa attività di osservazione della localizzazione delle macchie S si rivela subito molto promettente.

In quel periodo, come ho già detto, ero interessato ad indovinare dove sarebbero emerse le macchie solari.

L'attività di previsione, mi dicono gli esperti, è una parte importante della prova scientifica: se si escogita una ipotesi devono essere effettuate delle previsioni, se poi queste hanno esito positivo allora l'ipotesi inizia a diventare interessante. E allora ho fatto subito una previsione.

Ho individuato un settore promettente ed ho previsto che in quella zona sarebbero emerse 5 macchie tipo S.

Sembra sia andato quasi tutto come previsto. Entusiasta ho trovato anche un amico all'osservatorio che mi ha fatto

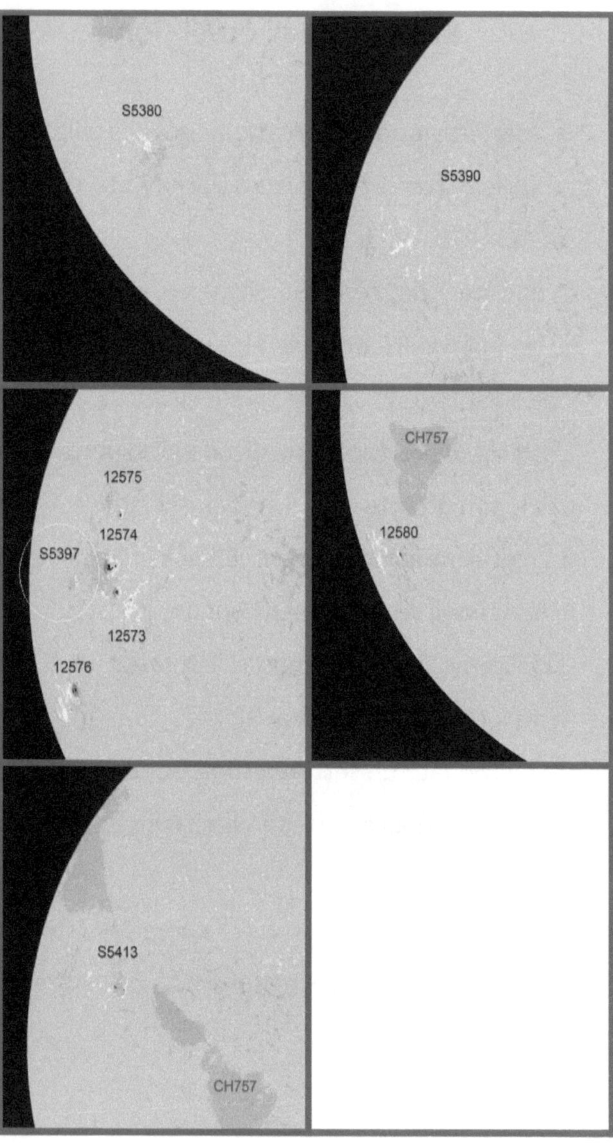
S5380
S5390
12575
12574
S5397
12573
12576
CH757
12580
S5413
CH757

partecipare ad una conferenza con una relazione in coda alla quale avevo aggiunto questa attività di previsione.

Qui di seguito riporto estratti dalla relazione. Si trattava di un convegno di archeoastronomia, quindi ho presentato alcuni miei pensieri sull'intreccio religioso-astronomico attorno all'antico Egitto, Rha ed il Re Sole francese.

Una conferenza

Pubblico abstract e parte del testo.

Variazioni climatiche e previsioni dell'attività solare

<u>Abstract</u>

Il clima sulla Terra potrebbe essere in stretto rapporto con l'attività del Sole, deducibile dal numero di macchie che appaiono sulla superficie della nostra stella. Le previsioni dell'attività solare futura sono quindi molto importanti per noi. Coloro che studiano l'attività solare davano dati tra 40 e 200 macchie per il ciclo in corso. Il risultato è invece 70. Questo significa che adesso nessuno ha una idea chiara di come si sta comportando la nostra stella.

Le difficoltà sono notevoli. La principale è la brevità delle osservazioni storiche a nostra disposizione. Attualmente possiamo arrivare fino a 11000 anni fa con i *proxies* e poi ci resta il livello dei mari. I *proxies* quantificano i cambiamenti ma non ci dicono che cosa sia successo. Abbiamo anche le osservazioni dei nostri antenati che erano raffinati osservatori degli eventi celesti, ma non sono riusciti a comunicarci tutto, dal momento che anche le forme di scrittura sono comunque recenti se calcolate sulla scala temporale della nostra stella.

Però questo vuoto di conoscenza è possibile in parte colmarlo con lo studio degli edifici, soprattutto sacri. E ancora prima con i miti che sono arrivati fino a noi dal lontano passato. Le religioni e le relative mitologie erano infatti le attività di punta delle menti pensanti.

Questo ambito religioso ci consegna, ad esempio, il mito del "Diluvio universale". Se lo avessimo correttamente interpretato, probabilmente avremmo trovato prima le civiltà sommerse. Ma esistono altri miti collegati all'influenza dell'attività solare sulla storia umana? Nella relazione verranno analizzati alcuni di questi miti e verrà presentato un sistema che io uso per l'individuazione di alcuni particolari tipi di macchie (dette "regioni di tipo S") le cui apparizioni sono pure sintomatiche del livello di attività del Sole.

... /Si sta indagando su questo rapporto Sole/Terra. Anche se non ci sono dati certi, comunque ci sono sostanziosi indizi che portano a collegare la scarsità di attività solare con i periodi meteorologicamente più freddi sulla Terra. L'emissione della radiazione solare, conseguenza dell'attività solare, non ha un andamento costante nel tempo, ma segue dei cicli principali di circa undici anni ed altri secondari, legati alla variazione del numero delle macchie solari, la cui attività ha un influsso diretto sulla quantità di radiazione inviata verso la Terra e di conseguenza sulla temperatura della superficie terrestre.

Gli studi storici di climatologia usano chiamare PEG (Piccola Era Glaciale)[1] il periodo che va dalla metà del secolo XIV alla metà del secolo XIX, che fu caratterizzato da inverni particolarmente rigidi e da estati fresche.

Il più freddo di questi periodi sarebbe avvenuto tra il 1650 ed il 1700 (Minimo di Maunder), periodo durante il quale si riscontrano osservazioni di pochissime macchie solari nella bibliografia scientifica, nonostante l'utilizzo dei primi cannocchiali./...

../ Il Sole ha raggiunto livelli di rispetto notevoli nella cultura di tutti i popoli antichi. Questo fu dovuto solamente al fatto che rischiarava il buio della notte? Sicuramente in qualche centinaio di migliaia di anni di osservazione umana è stato notato qualcosa di più. Qualcosa che lo ha elevato al rango di signore assoluto del cielo.

Già allora esistevano menti eccelse che si ponevano questo problema: come rendere disponibile ai posteri (noi) quel sapere che loro, ed i loro avi, tanto faticosamente avevano raggiunto?

Questa, molto probabilmente, era la problematica che si ponevano gli studiosi di allora quando vedevano il mare che saliva. E ottomila anni fa il mare saliva al ritmo di circa due metri ogni cento anni! Le terre venivano progressivamente allagate per cui gli insediamenti umani dovevano di conseguenza arretrare. Questi fattori dovettero avere delle conseguenze drammatiche soprattutto nel bacino del Mediterraneo. Come comunicare ai posteri le loro esperienze di vita? Molto probabilmente è da qui che nasce mito del "Diluvio Universale" riportato poi nella bibbia, e non solo da essa, non appena è stata inventata la scrittura. Queste esperienze, assolutamente importanti per la sopravvivenza di quelle comunità, venivano comunicate in questo modo: mascherate sotto forma di favole, di miti, di tradizioni, di espressioni forti, immortali, di divinità./..

../A quei tempi in Africa settentrionale, in luoghi ora deserti, vivevano delle popolazioni evolute che ci hanno lasciato dei segni della loro presenza e della loro capacità di descrivere il loro ambiente con graffiti.

Quelle popolazioni hanno visto il clima cambiare radicalmente. Il terreno diventava arido, tutto moriva, loro stessi hanno dovuto lasciare i loro territori e migrare verso zone dove si poteva sopravvivere. Immagino che molti siano deceduti a causa di questi cambiamenti climatici, immagino anche delle guerre per accaparrarsi gli unici territori utili sulle nuove coste che si venivano a formare. immagino carestie più che manzoniane.

Tutto questo DEVE aver lasciato qualche traccia mitologica forte. Qualche cosa di più forte del mito del Diluvio Universale che appariva come una situazione progressiva, inesorabile ma lenta.

Che cosa poteva essere stato per le popolazioni fuggite dall'avanzata del deserto il ricordo di quel luogo? Se non il ricordo di un giardino?

Esiste un altro mito, citato nella Bibbia. Quello di Dio che scaccia gli uomini dal Giardino dell'Eden nella polvere.

Un segno ancora più forte è quello che troviamo nella civiltà egiziana, quella che più direttamente rappresenta l'insieme dei superstiti di questa catastrofe. Troviamo il culto del Sole. Il Sole visto come Dio assoluto, Signore del Tutto, anche della vita e della morte./..

../Secondo le mie osservazioni, sembra ci sia una specie di marea (forse però è un'influenza magnetica), che determina delle longitudini (sul Sole visto da Giove) dove le macchie preferibilmente emergono. Queste longitudini preferenziali di emersione sono 90° e 135° Ovest.

In base a questi presupposti ho provato a fare delle previsioni:

Previsione 1 con longitudine 90°

tra l'1/8 ed il 15/8 emergeranno diverse regioni tipo S attorno alla longitudine 48E Alcune potrebbero diventare regioni numerate.

Nel periodo considerato ne sono emerse 17, cinque delle quali erano nella zona prevista. Una è evoluta in regione numerata.

1. Risultato:

2. AR_CH_20160727 New region S5380 [S16E45] was observed with tiny spots

3. AR_CH_20160805 New region S5390 [N20E47] was observed with a tiny spot

4. AR_CH_20160809 S5397 [N04E62] emerged with tiny spots (Near)

5. AR_CH_20160822 New region 12580 [S17E61] emerged quickly and developed

into a compact region with

6. AR_CH_20160824 New region S5413 [N13E49] emerged with several spots

Previsione 2

Tra il 18/9 ed il 16/10 emergeranno 4 regioni tipo S alla longitudine 32E±10. Alcune possono diventare regioni numerate.

Nel periodo considerato ne sono emerse 13, cinque delle quali erano nella zona prevista che per contenerle tutte e 5 avrebbe dovuto essere 29E

1. Risultato:

2. New region S5444 [N11E22] emerged with a tiny spot.

3. New region S5448 [S18E26] was observed with tiny spots.

4. New region S5450 [N10E15] was observed with tiny spots.

5. New region S5452 [N22E37] emerged with tiny spots.

6. New region S5456 [S05E19] emerged with tiny /..

La struttura, settori A, B

Durante una delle tante aperture con pubblico in osservatorio stavo accennando al fatto che il Sole probabilmente influenzava l'evoluzione del clima terrestre. Mentre spiegavo che i cicli, talvolta si erano ripetuti a bassi livelli di attività, e che contemporaneamente sulla terra si erano registrati dei periodi freddi, sento intervenire un collega che li dettaglia meglio, sorridendomi, io poi vado avanti e lui ancora interviene e così via, in due riassumiamo il mio intervento alla conferenza in accordo. In quel periodo avevo legato le mie previsioni alla posizione di Giove. Alla fine mi dice: sai, quello che vai dicendo potrebbe avere del fondamento in quanto il baricentro Sole-Giove si trova al di fuori della superficie del Sole e questo potrebbe determinare degli effetti nei meccanismi interni del Sole come un po le influenze della Luna sulla Terra.

Evidentemente aveva letto attentamente le mie considerazioni e mi aiutava facendo una breccia in questo muro di gomma. In ogni caso sono rimasto contento per aver fissato su documenti pubblicati la traccia delle mie elucubrazioni. Credo siano piuttosto originali.

Dico che le ritengo tali in quanto non ho ancora visto nessuna ricerca che presenti qualcosa di simile. Certo che però io non ho dedicato il mio tempo a leggere e ricercare quanto, prima di me, forse, qualcun altro avesse trovato. E quindi potrebbe benissimo esistere qualche studio simile precedente al mio.

Mi sono invece subito dedicato a strutturare le ultime idee che avevo avuto.

Nello stesso periodo, in ambiente lavorativo, affrontavo un altro problema: la mutazione informatica era divenuta ormai inevitabile: tutto stava trasferendosi su internet, i linguaggi di programmazione erano diversi, le finalità erano passate da organizzative a sociali. Dovevo aggiornarmi.

Io sono sempre stato un appassionato di programmazione e di utilizzo di aiuti informatici per la soluzione di problematiche aziendali. Da qualche decennio mi diletto con linguaggi di programmazione e da ormai molto tempo lavoravo con il VisualBasic e con Access come struttura database.

Registrare quotidianamente delle informazioni era difficile in quanto non sapevo bene dove conservare il database ed i software necessari per avere tutto sempre a disposizione. Decisi allora di arrendermi ed iniziare un'esplorazione delle nuove tecnologie. Le informazioni si potevano alloggiare sulla rete, disponibili sia per la registrazione che per la consultazione da parte di eventuali interessati.

Parte quindi qui in contemporanea anche l'avventura sito web. Vi farò riferimento da ora in poi.

Inizio quindi subito con la registrazione di tutte le macchie S di cui riesco a recuperare la posizione di emersione.

La posizione, come detto, non è fissata da me, però per riportarla ad una rappresentazione che facesse riferimento a Giove avevo necessità di calcolare ogni giorno la differenza tra la posizione di Giove e quella della Terra.

Per fortuna al convegno veniva presentato un software di effemeridi. Aveva diverse funzionalità, una di queste era il calcolo della posizione assoluta di tutti i pianeti in ogni giorno. Era quello che faceva per me.

Con il proprietario ho dovuto discutere un po: avevo bisogno di una personalizzazione del suo software. Volevo che si aprisse direttamente sul giorno prima calcolandomi solamente la posizione assoluta della Terra e di Giove.

Anzi questo è stato un compromesso in quanto avrei bisogno che le due posizioni fossero comunicate direttamente alla mia pagina web che le avrebbe registrate automaticamente nel database. Ma forse, questa persona, del resto come me, non aveva tempo da dedicare ad un lavoro gratis per l'ultimo arrivato. Non voleva neanche condividere i preziosi algoritmi che stavano alle spalle di questi semplici dati. Alla fine, forse preso per sfinimento, mi invia una mail chiedendomi di che cosa avevo bisogno. Gli ho chiesto quanto descritto sopra ed ho ricevuto una pagina pronta per fare così. Funziona che è una meraviglia.

Sono rimasto in sospeso di una cena con lui. Forse è vegetariano. Sarà bene chiamarlo. Potrebbe essere che, conoscendolo, riesco anche a fare un passo avanti con il software.

In base alle osservazioni precedenti ho definito due settori, di ampiezza di 14 gradi ciascuno, chiamati A e B presenti in quel momento sull'emisfero visibile. Se le macchie emergevano al loro interno le definivo A oppure B, se erano vicine An oppure Bn.

Ci sono stati dei riscontri interessanti. La frequenza di emersione nei settori era buona.

Settori C e D le variazioni

Passati 6 mesi l'emisfero rivolto verso la Terra era cambiato completamente. La Terra girando intorno al Sole in un anno vede in modo panoramico quanto si può osservare da Giove in quanto quest'ultimo impiega circa 12 anni a fare un giro. Si può quindi osservare sia la faccia del Sole rivolta verso Giove che quella ad esso nascosta.

Noi invece, dalla Terra, riusciamo a vedere solamente l'emisfero rivolto verso di noi lasciandoci sempre la curiosità di sapere quello che accade nella parte nascosta. Spesso le macchie solari appaiono sulla parte visibile e durante la loro evoluzione, a causa della rotazione solare, passano nella parte nascosta. Oppure emergono dietro e poi ci appaiono già formate quando la parte di superficie solare interessata "ruota nel visibile". Questa curiosità ha dato origine alla missione spaziale STEREO consistente in due satelliti posti sull'orbita terrestre, uno un po più lento della Terra ed uno un po più veloce, che ci trasmettono immagini di parte dell'emisfero nascosto.

Tornando a noi, i miei settori A e B erano spariti.

Io non sapevo bene che cosa fare ma osservando ho notato che anche su questo lato le cose sembravano continuare a funzionare allo stesso modo.

Allora ho identificato altri due settori, chiamati C e D, facendo una media grossolana delle posizioni di emersione rispetto a Giove.

Pensavo che eravamo abbastanza presuntuosi, come osservatori, ad annotare le posizioni delle macchie solari sempre con riferimento basato sul nostro punto di osservazione terrestre. Chi eravamo noi, poveri esseri piccolissimi abitanti uno dei pianeti più piccoli del nostro sistema, per costituire un punto di riferimento?

Mi sembrava che Giove, il pianeta più grande e contemporaneamente anche, tra i più grandi, il più vicino al Sole, avesse le carte migliori per costituire un punto di osservazione qualificato. Qui vorrei accennare a:

1)   Giove fa un orbita in 11,8 anni;

2)   Gli ultimi 24 cicli solari sono durati in media 11 anni.

Valori vicini ma che non significano niente. Forse solo un altra manifestazione di armonia in fase di perfezionamento.

In quel periodo si stava esaurendo l'attivi solare legata al ciclo 24. Le macchie si susseguivano sempre più piccole, spesso si presentavano solitarie invece che a gruppi e spostate verso l'equatore.

Notai allora che un altro fenomeno poteva fare al mio caso. C'erano delle altre attività solari che avevano il pregio di avvenire esattamente in un punto indicando quindi una direzione: le CME! Che stupido, non ci avevo pensato, forse perché in questo periodo non ne stavano avvenendo molte.

Poi, spesso, nell'evoluzione dei gruppi di macchie, avvengono variazioni, intendo di area. La superficie scura improvvisamente si ingrandisce. Ecco, anche questo, la posizione dove avviene questa repentina variazione di area risulta puntare verso una direzione precisa.

Riassumendo ora avevo tre fonti che mi potevano indicare un riferimento esterno al Sole: le macchie S, le CME, e le variazioni. Mi ero organizzato per seguire le prime. Per le altre non ero ancora pronto.

Ma avevo tempo, entrambe erano legate alla fase di attività solare che sarebbe iniziata tra qualche anno e cioè il ciclo 25. Ora il Sole stava diventando calmo, esageratamente fermo, godiamoci questo periodo interessante che rimanda a 100 se non a 200 anni fa. E speriamo che non sfoci in un minimo tipo quello di Maunders.

Per comodità aggiungo una nota presa da Wikipedia. Minimo di Maunder.

Il minimo di Maunder è il nome dato al periodo che va circa dal 1645 al 1715 e che fu caratterizzato da un'attività solare molto scarsa, ovvero una situazione in cui il numero di macchie solari divenne estremamente basso. È così chiamato dal nome degli astronomi solari britannici Edward Walter Maunder e Annie Russell Maunder che vissero tra Ottocento e Novecento, i quali scoprirono la mancanza di macchie solari in quel periodo studiando le cronache dell'epoca. Per esempio, durante un periodo di 30 anni durante il minimo di Maunder, gli astronomi osservarono solamente circa 50 macchie, invece delle normali 40 000 o 50 000.

Descrizione.

L'inizio del Minimo di Maunder **fu brusco** e avvenne in pochi anni, senza alcun fenomeno precursore, invece durante la sua fase finale, tra il 1700 ed il 1712, l'attività solare riprese gradualmente ad aumentare.

Il minimo di Maunder coincise con la parte centrale e più fredda della cosiddetta piccola era glaciale, durante la quale l'Europa e il Nord America, e forse anche il resto del mondo (per il quale non ci sono dati certi) subirono inverni estremamente freddi.

Dati recentemente pubblicati suggeriscono che durante il minimo di Maunder il Sole si espanse e la sua rotazione rallentò. Si suppone che un Sole più grande e in lenta rotazione sia anche un Sole più freddo, che fornisce meno calore alla Terra (il motivo dell'espansione e contrazione del Sole non è ancora conosciuto, ma potrebbe essere un normale ciclo di attività simile al ciclo undecennale solare, solo molto più lungo).

Un rapporto di causa-effetto tra la bassa attività delle macchie solari e gli inverni più freddi è ancora oggetto di discussione. Uno studio condotto da Gerald Meehl e i colleghi del Centro nazionale per gli studi atmosferici degli Stati Uniti d'America nel primo decennio degli anni 2000, sembra effettivamente dimostrare una correlazione tra macchie solari (e quindi attività del sole) con cicli del clima, anche se il modello ha sollevato alcune critiche legate al breve periodo su cui esso è stato testato e sulle semplificazioni da esso indotte nella modellizzazione del sistema oceano-atmosfera.

Note

1. Sole e possibile minimo di Maunder, rischio raffreddamento globale? meteogiornale.it

2. (EN)A History of Solar Activity over Millennia, pag. 45 e 46

3. (EN)A relation between solar activity and winter temperatures in Holland between 1634 and 1975

4. Dal ciclo solare al clima terrestre Le Scienze

La CME

Ma il Sole è un briccone imprevedibile! Quando nessuno se lo aspettava il 28 agosto 2017 emerge tranquilla una macchia, la 12673. Continua la sua evoluzione tranquilla fino alla sera del giorno 2 settembre quando improvvisamente inizia ad animarsi. Nel corso del giorno 3 cresce a dismisura e diventa molto attiva ed instabile. Il 6 settembre alle 12 avviene il lancio nello spazio di una imponente quantità di plasma solare in modo violentissimo. Si tratta della CME (coronal mass ejection) più potente avvenuta nel ciclo solare 24.

Io resto allibito: questa macchia si trasforma proprio in corrispondenza del mio settore C. Quando poi, la rotazione solare la fa attraversare il settore che mi sembrava di voler attribuire alla prossima lettera, avviene la CME. Anzi, le emissioni sono due, una a mezzogiorno ed una nel pomeriggio.

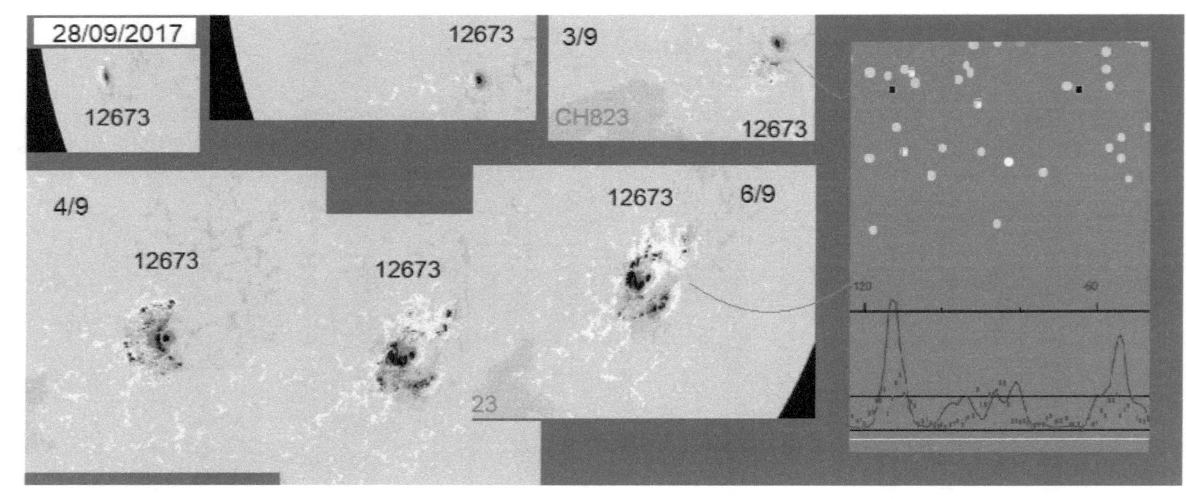

28/09/2017
12673
12673
3/9
CH823
12673
4/9
12673
12673
12673
6/9
23

Coincidenze come questa non fanno che indicare ai ricercatori che si è sulla buona strada. Moltiplicai quindi i miei sforzi per portare a termine il progetto sito-database-varie raccolte dati per cercare di definire meglio le mie intuizioni.

Perché, sino a quel momento, di altro non si poteva parlare. I dati erano pochi, il percorso ancora lungo e non ben definito.

Qualche dettaglio è presente sul sito https://www.solephe.it/LM_T.php?sc=C

In fondo alla tabella notare la macchia 2673 (prima colonna a sx). Il dato non è, come gli altri, riferito all'emersione ma alla variazione e successiva CME.

Il secondo anno, la conferma

Ci è voluto un po di tempo, ma adesso tutto funziona. Ogni giorno visito il sito solen.info dove vengono regolarmente pubblicate le macchie S apparse il giorno prima.

Ho costruito un codice che calcola la posizione rispetto a Giove semplicemente inserendo i dati essenziali, posizione della macchia, della Terra e di Giove.

Mi vengono proposte le posizioni delle zone finora individuate e, se c'è corrispondenza assegno una lettera alla macchia.

Tutto viene registrato in modo da essere elaborato.

Ogni giorno ho subito la possibilità di verificare se le macchie si comportano come previsto. Spesso lo fanno.

Ma ci sono anche tante emersioni al di fuori delle zone previste, e tante vicino ad esse.

Per il momento lavoro con quattro zone della larghezza ognuna di 14 gradi distribuite su tutta la superficie del Sole, sui 360 gradi. Il totale della superficie utile è quindi di 56 gradi su 360.

Ma solamente con questa piccola area riesco a centrare una parte notevole delle emersioni.

La struttura è ancora molto rozza, adatta solamente ad una prima conferma, me ne rendo conto.

Ma ho bisogno di questa conferma per andare avanti. Mi stimola a farlo.

Passa così il primo anno e sono di fronte ad una nuova prova: i settori che ho individuato ritorneranno in posizione visibile dopo circa 6 mesi passati nell'emisfero non visibile. Saranno ancora validi?

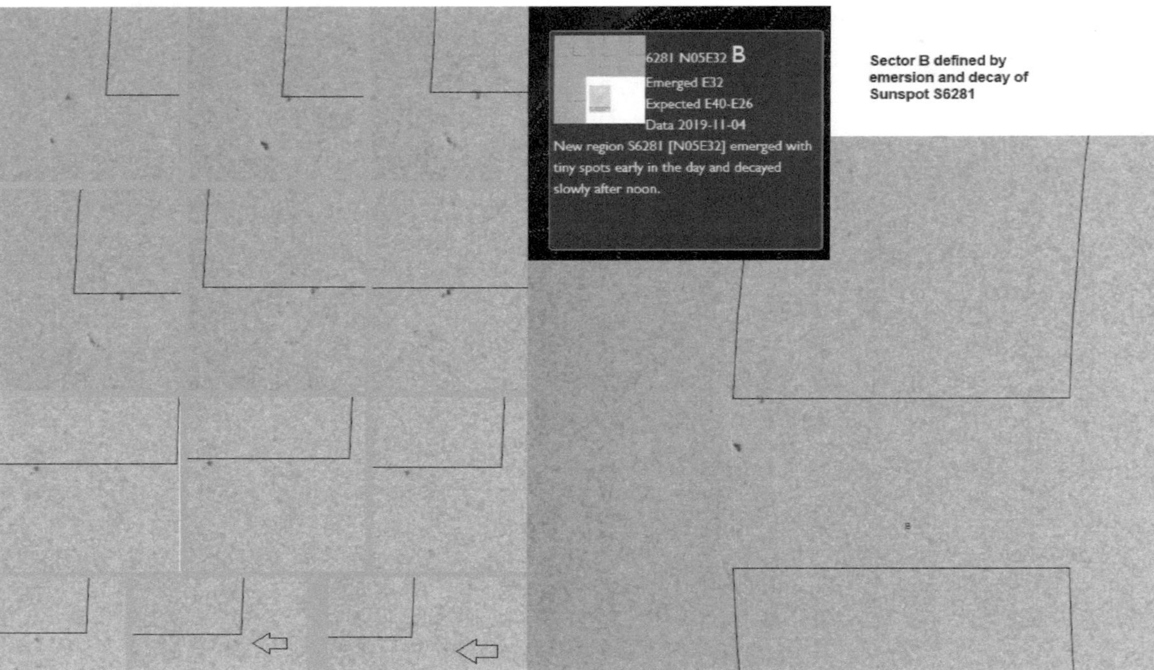

Sector B defined by
emersion and decay of
Sunspot S6281

Il secondo anno mi porta questa conferma. I settori esistono ancora. Le macchie continuano a presentarsi tendenzialmente entro gli stessi.

C'è però qualche differenza che non riesco bene ad identificare.

Ma quello che mi interessa di più è la conferma del fatto che, individuato un settore, le macchie continuano ad emergere tendenzialmente in quello stesso settore.

Sono tentato di cambiare, adattare i settori alle nuove impressioni ma poi decido di lasciarli così.

Di raccogliere quante più posizioni possibili e tra qualche tempo fare delle medie o delle elaborazioni.

Una di queste poteva essere l'analisi delle macchie emerse vicino al settore. In caso fossero in numero maggiore da un lato avrei potuto spostarlo verso la nuova posizione.

Si era resa evidente una difficoltà: le posizioni delle macchie veniva calcolata sempre alle ore 23.45 UTC. Questo portava ad una imprecisione notevole in quanto la vita della macchia stessa spesso era di qualche ora.

Se una emersione si fosse verificata il mattino ed un altra la sera, entrambe avrebbero ricevuto la posizione a mezzanotte. Questa posizione era abbastanza corretta per la seconda mentre per la prima, purtroppo, poteva contenere un errore fino a 14 gradi. La rotazione del sole porta la sua superficie, e le macchie ad essa ancorate, a spostarsi ogni giorno di circa 14 gradi per concludere una rotazione in circa 27 giorni.

Provai a chiedere al sito la pubblicazione dell'ora di emersione ma non ho avuto riscontro positivo. Mi venne chiesto se avessi della documentazione pubblicata sulle mie ricerche, io avevo solamente l'estratto del convegno che inviai senza però ottenere risposta.

Dovevo escogitare qualcosa. Nel frattempo andai avanti così confidando che una costanza di errore non avrebbe pregiudicato di molto il risultato in termini statistici.

Escogitai un piano. Impiegai un po a metterlo in pratica, tuttora non è ancora ben funzionante, ma sta dando i primi frutti.

Se avessi del tempo a disposizione, sarebbe un compito relativamente facile individuarne l'ora di emersione, bastava semplicemente scaricare alcune immagini dai vari siti collegati ai satelliti, scorrerle e così individuare l'ora di emersione e così anche, per differenza con la posizione a mezzanotte, la posizione corretta.

Ma non ho questo tempo. Ho quindi creato una pagina che mi salva automaticamente l'immagine del tipo voluto, all'interno del sito. A questa ho aggiunto un altra pagina di consultazione capace anche di tracciare i settori in sovrimpressione e di generare al click del mouse la esatta posizione della macchia sull'emisfero visibile.

Attualmente sono in quella fase dove mi sono affezionato al lavoro svolto sinora regolarmente e non riesco a decidermi a partire con questa nuova metodologia.

Il database

Si, non riesco a decidermi in quanto, dopo un paio di anni di registrazioni, i dati iniziano a farsi interessanti nella mole. Le registrazioni contano ormai un campione di circa 500 righe e le stesse possono già essere elaborate.

Una prima versione del database registrava solamente le posizioni di Terra e Giove alla data di emersione, la posizione ed i dati relativi alla macchia e poi la lettera che le assegnavo come settore. Spesso erano al di fuori del settore e quindi utilizzavo un "-" per identificarle.

In questo periodo sono riuscito ad identificare un altro settore, chiamato E, all'interno di un ampia zona lasciata sinora scoperta.

Ora incominciavo a chiedermi se i settori formassero qualche figura geometrica, magari un esagono, (come quello presente al polo nord di Saturno). Ma tutto appariva ancora un po troppo confuso.

Le prime elaborazioni sono state molto semplici, solamente per vedere il rapporto tra le macchie classificate e quelle finite fuori dai settori oppure vicine ad essi.

Sul finire dell'estate 2019 ho avuto il piacere di recarmi ad una uscita esterna dove l'osservatorio presenziava con un telescopio. Si teneva una dimostrazione turistico scientifico gastronomica dove anche dei colleghi erano invitati come esperti astronomi.

Ho preparato tutto il mio materiale, sito con i settori, prima semplice elaborazione ed a un certo punto, in una pausa, ho trascinato uno dei colleghi verso il mio computer.

E' rimasto sorpreso dalla veste che ero riuscito a dare ai miei risultati, soprattutto dai settori sovrimpressi sull'immagine solare. (https://www.solephe.it/Sole_obs.php) Si è complimentato dicendo che sinora non era molto chiaro quello che stavo facendo ma che adesso si capiva benissimo.

Quando poi ha saputo che ero riuscito a collegare ai settori circa il 60 per cento delle macchie
emerse mi ha consigliato di scrivere un libro,
cosa che sto facendo, e mi ha invitato a presen-
tarlo al prossimo convegno.
Speriamo di riuscire a finirlo in tempo!.

Elaborazione statistica

Negli ultimi mesi del 2019 ho approfondito le riflessioni sul modo di presentare e quindi di elaborare i dati raccolti.

Le fasce rappresentate sul globo solare e solidali con la posizione di Giove potevano essere una buona spiegazione per quello che stavo cercando. Ma dal punto di vista di analisi dei risultati risultava piuttosto carente.

1) Le posizioni rilevate si potevano ricondurre alle fasce ma si perdeva il loro vero peso inteso come vicinanza alle stesse.

2) Trovavo assurdo considerare una macchia fuori settore semplicemente perché cadeva un grado o due fuori dallo stesso.

3) I settori stessi erano tracciati più o meno ad intuizione e quindi sarebbero stati da affinare.

4)   Nel tempo mi era sembrato che persistessero, ma anche che forse cambiassero, cambiavano tutti? E secondo che criterio?

5)   Io avevo rilevato 5 settori. Ma avevo ampie zone aperte. Quanti saranno in tutto?

6)   Alcuni sembravano più forti di altri. O forse più distribuiti, ampi.

7)   La ripetizione nel tempo era vera? Il riferimento a Giove originario confermato? Oppure era un altro?

Tutte queste domande avevano una caratteristica in comune: erano interessate all'aspetto essenziale del problema, mettevano in secondo piano la precisione della posizione rilevata. Una eventuale tendenza, se esistente, doveva palesarsi anche in presenza di imprecisioni limitate a circa 10 gradi.

Prendiamo ad esempio il grafico a farfalla. La tendenza allo spostamento verso l'equatore appare evidente anche in presenza di dati spesso lontani dalla media. Le due nuvole che compongono le ali, alla fine rendono bene l'idea anche nella loro estrema diffusione.

Ma come rappresentare il tutto?

Mi decisi per una mappa rettangolare che si estendeva da long E180 a W180 con latitudine N-S sulle ordinate.

Distribuisco quindi le etichette di ogni macchia su questa mappa sotto forma di puntini localizzati sulla base della loro posizione rispetto a Giove.

Controllo i dati, è tutto pronto. Come sarà il risultato? Ero consapevole che ero arrivato ad un punto decisivo. Questo doveva dare un senso a qualche anno di lavoro. Lancio l'applicazione.

Delusione enorme. Una selva di puntini accuratamente piazzati ma apparentemente privi di senso logico. Non è che mi aspettassi delle righe verticali, ma, almeno qualcosa di più definito...

Chiudo tutto e per qualche giorno non ho neanche il coraggio di parlarne con qualcuno.

Poi piano piano incomincio a riconsiderare la cosa. E' possibile che di tutto quello che ho notato non resti alcuna traccia sulla mappa? Eppure ho fatto delle previsioni che si sono arrivate, ho mostrato ad altre persone quante macchie erano entrate nei settori.

Sicuramente dovevo aver commesso un errore, ma dove?

Si, avevo notato che, forse i settori non si sovrapponevano esattamente, forse c'erano delle differenze.

Dovevo provare a limitare la rappresentazione sulla mappa alla panoramica di un anno. Detto fatto. Lancio ed è già un po meglio. Prendo coraggio e consulto qualche cosa di statistica: noto che esiste il concetto di risultato atteso e di deviazione dallo stesso.

Bene, nel mio caso allora faccio una ricerca su quante macchie appaiono, per esempio, tra E130 ed E 120: dieci gradi. Poi faccio una ricerca per trovarne il numero tra E140 ed E110: trenta gradi. Se il rapporto tra il primo numero moltiplicato per 3 ed il secondo risulta 1 allora non c'è nessuna deviazione. Se risulta maggiore di 1 avrò trovato una longitudine preferita.

Ripetendo questo per ogni grado sui totali 360 ottengo ed unendo i punti ottengo una linea di tendenza.

Metto tutto su una linea alla base della mappa facendo coincidere le longitudini. Meraviglia! Appaiono subito diverse aree con frequenza decisamente superiori ad altre, ben definite. Ogni punto che risulta alto evidenzia un rilevante raggruppamento che, a prima vista non appariva chiaro. Ma adesso si notano chiaramente delle macchie apparse allineate sui meridiani solari. Oppure nello stesso punto ma mentre questo si trovava a longitudini diverse rispetto alla Terra. Queste elaborazioni sono riferite all'ultimo anno di osservazione. Adesso serve aggiungere il primo anno. Ottengo così la prima versione della mappa di emersione rispetto a Giove.

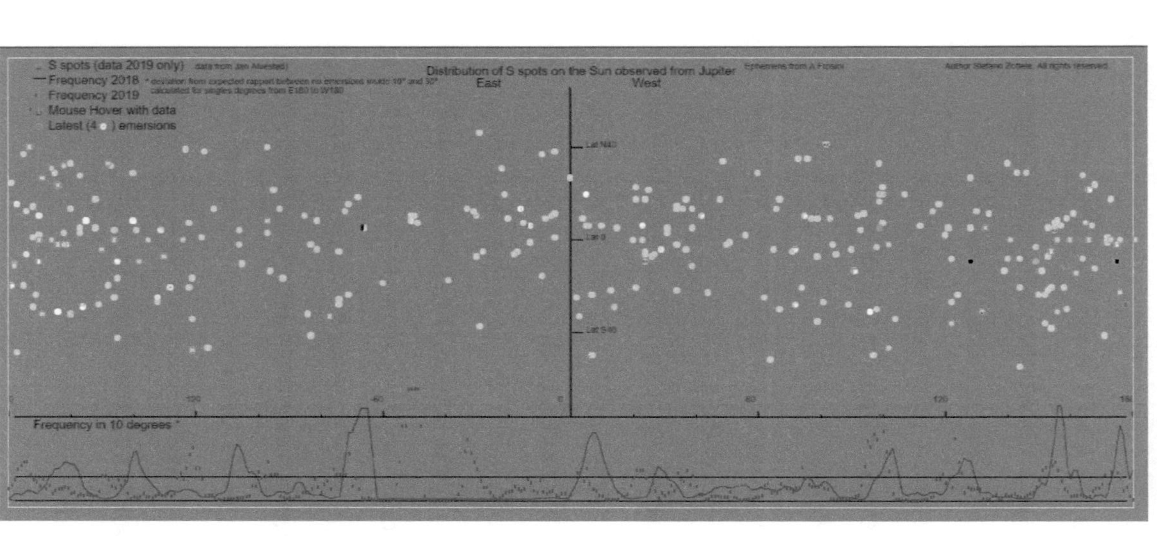

S spots (data 2019 only)   data from Jan Alvestad
Frequency 2018   * deviation from expected rapport between no emersions inside 10° and 90°
Frequency 2019   calculated for angles degrees from E180 to W180
Mouse Hover with data
Latest (4 ○) emersions
Distribution of S spots on the Sun observed from Jupiter
Ephemeris from A Frosini
East
West
Author Stefano Zobele All rights reserved
Lat N40
Lat 0
Lat S40
Frequency in 10 degrees

Risultati a febbraio 2020

Riporto qui sotto una rappresentazione fotografica. Per vedere la versione aggiornata basta andare all'indirizzo

(https://www.solephe.it/L_abs_G_draw.php).

Vengono evidenziate le macchie apparse recentemente in arancione mentre le ultime 4 sono evidenziate in giallo.

Le finestre aperte si riferiscono alla CME del 2017.

La linea nera rappresenta la distribuzione dell'anno precedente mentre la linea ideale formata dal susseguirsi dei puntini blu descrive quella dei puntini sulla mappa sovrastante. Ogni puntino segna la zona di emersione di ogni macchia S dall'inizio del 2019.

Ogni puntino sulla mappa o sulla riga blu fa apparire, sovrapponendoci il mouse, i dati relativi.

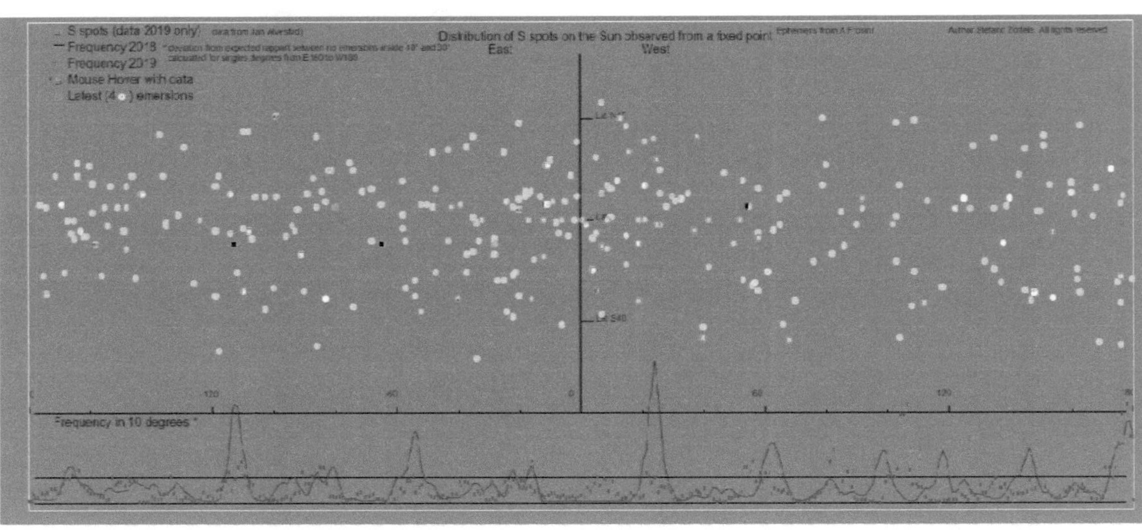

S spots (data 2019 only)   data from Jan Alvestad
Frequency 2018   * deviation from expected rapport between no emersions inside 10° and 30°
Frequency 2019   calculated for singles degrees from E 160 to W180
Mouse Hover with data
Latest (4) emersions
Distribution of S spots on the Sun observed from a fixed point   Ephemeris from A F point
East   West
Author Stefanc Zottele. All rights reserved
Frequency in 10 degrees *
120   60   0   60   120

Uso questa utility per vedere se le macchie apparse il giorno precedente sono allineate ad un picco o meno. Anzi, in verità ne uso anche un altra.

Non ero soddisfatto della corrispondenza dei picchi rilevati il primo anno con quelli del secondo. Specialmente a destra della mappa ne possiamo notare quattro che sono distanziati in maniera simile da quello dell'anno precedente.

Allora ho fatto una nuova elaborazione: ho tolto Giove e lasciato una posizione arbitraria fissa come punto di riferimento. Questa è la versione più recente. Servirà qualche tempo per vedere quale si rivelerà migliore oppure se sarà necessario costruirne un altra.

NB, i dati del grafico nero da sinistra circa al centro, sono piatti perché mancanti. Non avevo ancora effettuato rilevazioni in quel periodo.

Conclusioni

Recentemente ho avuto il piacere di una persona che si è interessata a queste mie ricerche, glie le ho illustrate brevemente. Mi sono soffermato sull'ultima parte: identificazione delle zone preferenziali di emersione rispetto a Giove. Lo ho visto interessato. Allora gli ho chiesto se avesse chiaro il significato di quello che mi sembrava di aver identificato. Mi ha confessato che non era molto chiaro.

Allora gli ho riassunto così la cosa: intorno al Sole sembra ci sia una rete, una specie di gabbia a barre verticali, che ha una posizione fissa, che non si muove. Ma il Sole nel frattempo gira. Le macchie, oppure le variazioni, ma forse anche le CME, appaiono più frequentemente quando la superficie supera una sbarra di questa gabbia.

Che cos'è questa gabbia? Non ha l'aspetto di un fenomeno gravitazionale, altrimenti sarebbe simile a un effetto marea. Non può essere legato a manifestazioni termodinamiche visto che le stesse sarebbero legate alla rotazione dell'astro. Allo stesso modo anche manifestazioni magnetiche di origine interna sarebbero legate a dinamiche interne collegate con la rotazione, e tra il resto, emergenti in posizioni casuali a detta degli stessi scienziati. Questi fenomeni hanno una struttura a stella, vista dall'alto.

Sembra il manifestarsi di una forza non conosciuta e nel contempo capace di influire sull'evoluzione degli eventi solari. Quindi una forza notevole.

Potrebbe mica essere un effetto della forza oscura?

Una manifestazione di interazione magnetica tra l'universo o qualche sua parte vicina a noi e quel festival del magnetismo che è il Sole.

Youcanprint

Finito di stampare nel mese di marzo 2020